捨てられる
食べものたち

食品ロス問題がわかる本

井出留美 著

matsu（マツモト ナオコ）絵

旬報社

2章

食品ロスはなぜ生まれる？

3章
食品ロスを減らすには

4章
私たちにできること

は じ め に

　誰もが食べものを食べて生きています。いのちのもとである食べものが、今、大量に捨てられています。

　世界では、生産量の3分の1にあたる13億トンが毎年捨てられ、日本では、東京都民1300万人が1年間に食べる量が捨てられています。

　理由はさまざまです。作りすぎや仕入れすぎで、食べものを廃棄している企業。食べきれないほどの料理を注文し、残してしまう私たち消費者。

　食品ロスは、誰にとっても身近な問題であり、環境的にも経済的にも大きな影響を社会に与えています。先進国でも途上国でも発生している世界全体の課題です。

　食べものは、いのちそのもの。

　なぜ私たちはこんなに簡単に捨てるようになってしまったのでしょうか。

　私は、自分の誕生日である3月11日に起こった東日本大震災のとき、ある食品メーカーの広報室長とし

て、食品を寄付していたフードバンクとともに食料支援をおこないました。

　おにぎり1個を4人で分け合い、1日にソーセージ1本しか食べられない被災地。

　それなのに、「人数分に少し足りないので配らなかった」など、理不尽な理由で支援物資が捨てられることに、悲しみと怒りを覚えました。

　大量の食料があるのに、必要な人に届けられないことに、強いもどかしさを感じました。

　その体験から、会社を辞めて独立し、食品ロス問題や解決策についての啓発活動を続けています。

　この本で、私たちをとりまく食の現実をぜひ知ってください。

　それがいのちの大切さについて考えるきっかけになれば、これほどうれしいことはありません。

井出留美

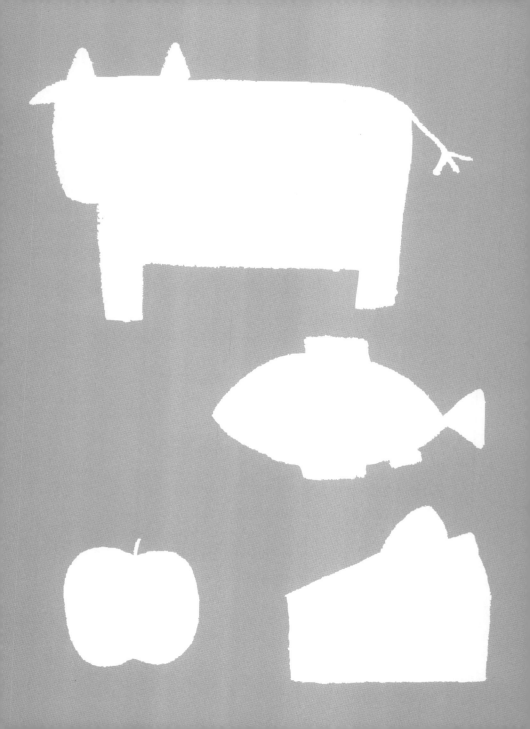

1章

「食」についての驚きの現実

私たちの毎日の「食」。それは誰が作り、
どこからやってくるのでしょうか。
日本と世界の驚くべき現実がここにあります。

01

日本は食料の6割以上を外国から輸入しています。

昔の人たちは「自給自足」で、食べものを自分で育てたり、採取して生活をしていました。しかし、現代の日本では、すべての食料を自給自足でまかなっている人は少ないでしょう。しかも、私たちは外国から輸入した食べものに頼って暮らしています。

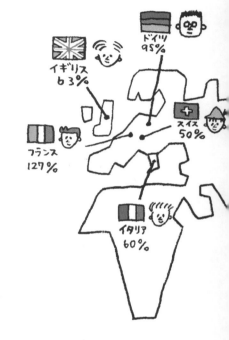

食料自給率とは、国内で消費される食料のうち、どの程度を自国でまかなっているかを表す数字です。食料からとれるエネルギー（カロリー）をもとに計算すると、カナダ264％、オーストラリア223％、アメリカ130％、フランス127％と軒並み100％を超えています。これは自分たちが食べる分以上の食料を生産していることを意味します。100％にとどかない国でも、ドイツ95％、イギリス63％、イタリア60％、スイス50％とほとんどの国が必要な食料の半分以上を自国でまかなえています（平成25年度）。

しかし、日本はどうでしょうか。わずか37％です（平成30年度）。残

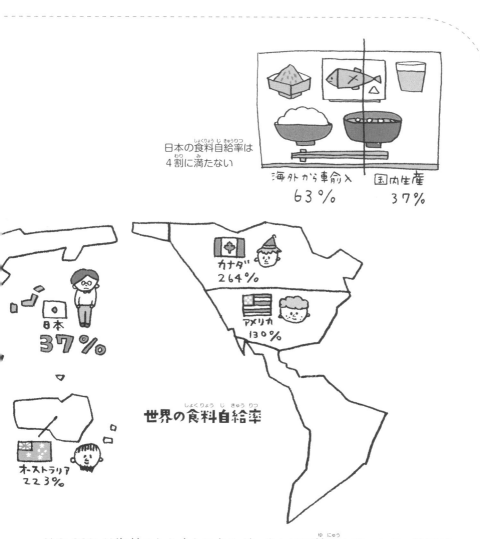

日本の食料自給率は
4割に満たない

海外から輸入
63％

国内生産
37％

カナダ
264％

アメリカ
130％

日本
37％

世界の食料自給率

オーストラリア
223％

りの 63％ は海外からお金とエネルギーをかけて輸入しています。外国が
売ってくれている間はよいものの、もし「日本には売りません」となったら？
本来は自国の食べものは自国でまかなうのが理想のはずです。世界には
飢餓にあえぐ人たちも大勢います。食料の輸入は、お金を払って買ってい
るとはいえ、他国の食料を結果的に奪っていることでもあるのです。

02

日本のフード・マイレージは
1人あたり6628トン・キロメートル。

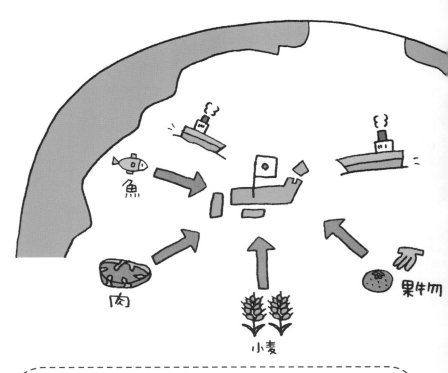

輸入食料の1人あたりの フード・マイレージ 単位　トン・キロメートル	日本	6628	(2016年)
	アメリカ	1051	(2001年)
	イギリス	3195	
	フランス	1738	
	ドイツ	2090	

フード・マイレージとは、食料の重さ（トン）に、運ぶ距離（キロメートル）をかけた値のことで、「トン・キロメール」であらわします。これは食料を運ぶことで、どれくらい環境に負荷をかけているかを示しています。なぜなら、外国など遠い土地から大量に食料を運んでくれば、それだけ二酸化炭素（CO_2）が排出され、地球温暖化につながるからです。

　輸入食料1人あたりのフード・マイレージを国ごとに比較すると、日本は世界トップクラスです。中田哲也氏の著書『フード・マイレージ新版』（日本評論社）によると、2016年は6628トン・キロメートル／人。アメリカ、フランス、ドイツなどの先進諸国に比べると非常に高くなっています。これは日本がアメリカ、カナダ、ブラジルといった遠く離れた国から、食料を大量に輸入しているためです。

　国連は2030年までに達成するべき17のSDGs（持続可能な開発目標）を定めています。その13番目が「気候変動及びその影響を軽減するための緊急対策を講じる」です。地球温暖化などの気候変動の影響を減らすためには、できるかぎりフード・マイレージを低くする努力が必要です。

03

日本の子どもの
7人に1人が貧困です。

　貧困には、大きく分けて2つの種類があります。1つは「絶対的貧困」です。「満足に食事がとれない」「住む家がない」など人として最低限の生活を維持するのが難しい状態です。もう1つが「相対的貧困」です。その国の生活水準や文化水準と比較して困窮している状態で、たとえば現代の日本では「新しい洋服が買えない」「外食ができない」「旅行に行けない」などがそれにあたるといえるでしょう。

　じつは、この相対的貧困が先進国の中でも高いのが日本です。国の調査によると、相対的貧困にある17歳以下の子どもの割合は13.9%（平成27年）[1]。7人に1人が相対的貧困の状態にあります。先進国が加盟するOECD（経済協力開発機構）34カ国の中で、日本は10番目に貧困率が高い国です[2]。

　日本でも最低限の生活を維持するのが難しい家庭はあります。私が以前、フードバンク (90ページ) で働いていたとき、学校給食しか食べるものがない子どもたちと出会いました。彼ら・彼女らは夏休みに入ると食事ができなくなり、やせてしまうのです。

　米国のシンクタンクの調査によると、「最も貧困状態にある人を国が助けるべきか?」という質問に対し、「完全に同意する」と答えた割合が、調査対象 47 カ国の中で日本は 15% で最低でした。「ほとんど同意する」と合わせても 59% で最低です。これはつまり「助けないでいい」と思っているということです[3]。

　豊かとされる日本で、食べられず、貧困に苦しんでいる人たちがいる。それは社会全体で向き合うべき課題ではないでしょうか。

日本で農業をする人の平均年齢は67歳です。

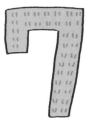

農業をする人の平均年齢は何歳だと思いますか？　なんと67歳です（平成31年）。企業や公務員などの定年は長く60歳とされてきました。その後、65歳まで定年を伸ばすケースも増えてきましたが、農業従事者の平均年齢はそれを上回っています。ほかの職業ならとっくにやめている年齢でも働き続けなければならない現実。しかも農業はたくさんの力仕事をこなさなければなりません。食料生産の基盤である日本の農業の未来は、とても危うい状況といえます。

　100年以上続く、日本で最も歴史の長いりんご園「もりやま園」（青森県弘前市）を取材した際、社長の森山聡彦さんは、日本の農業を続けていくには「労働生産性を2〜3倍にしないといけない」と語っていました。労働生産性とは、働く人数やかけた時間でどれだけの成果を生み出せたかを示す数値です。

　森山さんが調べたところ、自身のりんご栽培の75%は「ひたすら何かを捨てている」時間でした。75%のうち、15%が枝の剪定、30%が摘果作業（不要な実を摘みとる）、30%が葉とり作業（りんごの色づきをよくするために葉を摘みとる）です。

　しかし、海外ではりんごの葉とり作業はしていません。まだらに色づき、葉っぱの跡がついていて当たり前なので、そんなことに手間をかけないのです。森山さんも現在、葉とり作業をやめています。

　日本生産性本部の調べによると、農業に限らず、日本の労働生産性は1970年からG7（先進7カ国）の中で50年近く最下位です。むだを見直し、働き方を変えていくことが求められています。

05

日本では、東京都の2倍の広さの農地が放棄されています。

　国内には耕作せずに放棄されている農地（耕作放棄地）が42万3000ヘクタールあります（平成27年）。東京都の面積がおよそ21万8800ヘクタールですから、東京都の2倍近くの農地が耕作放棄地となっています。

　これらは18ページでも書いた通り、農業をする人の平均年齢が高齢化していることが大きな要因です。そのほかにも農地は持っているけれど農業に従事しない「土地持ち非農家」の増加、農産物価格の低迷、自然条件の悪さなどが背景にあります。

　耕作放棄地だけでなく、農地そのものの減少も深刻です。昭和36年に最大609万ヘクタールあった農地ですが、令和元年は439.7万ヘクタールにまで減っています。

　国は補助金を出すなどして、農地再生に向けたさまざまな取り組みをおこなっています。農地の問題は食料自給率にも関係します。日本の食料問題を考えるうえで、農地をどう確保し、再生させるかは重要なテーマです。

21

06

世界の**9**人に**1**人が
いつも**おなか**をすかせています。

き が 飢餓 人口	**8**億2080万人
世界 人口	**77**億人（2020年）

おなかがすいているとき、どんな気持ちになりますか？　食べものの
ことばかり考えたり、イライラしたり……世界にはそうやっていつもおな
かをすかせている人が大勢います。全世界の飢餓人口は8億2080万
人（2017年）。世界の9人に1人がおなかをすかせている計算です。5
歳未満の子どもの5人に1人は栄養不足のために十分に発育できません。
子どものときに必要な栄養をとれないことは、身体的な成長はもちろん、
精神や知能の発達にも悪い影響をあたえます。

　飢餓人口は減少傾向にありましたが、2015年から再び増加に転じて
います。飢餓（栄養不足）の人はアジア、アフリカ、中南米の国々に多
く、その原因は紛争による農地の荒廃、異常気象による農作物の不作、
食料価格の高騰などとされています。

　私はかつて青年海外協力隊（現在のJICA協力隊）として、フィリピ
ンの農村で栄養不足の子どもたちにおやつを提供する活動をしていまし
た。そのおやつのもとになったのは、海外から支援物資としてフィリピ
ン政府に送られた小麦です。
　WFP（国連世界食糧計画）による貧しい人たちへの食料支援は年間
約390万トンです（2018年）。一方で、第2章で述べるように、日本を
はじめとする先進国ではそれを超える量の食品ロスを発生させています。
国連のSDGsでも2番目のゴールに「飢餓をなくす」ことが掲げられて
おり、食料の不平等をなくしていくことが求められています。

07

世界の大人の
10人に4人は太っています。

　「太っている人が多い国」というと、みなさんはどこを思い浮かべますか?　あるレポートでは中国が世界一太っている人が多い国で、46%の大人と15%の子どもが肥満か過体重と報告されています⁽¹⁾。また、別のレポートでは南太平洋の島国サモアが最も肥満が多い国となっています⁽²⁾。先進国34カ国が加盟するOECDの中では、チリ、メキシコ、アメリカなどが肥満の割合が高くなっています (2018年)⁽³⁾。

　世界全体で見ると、18歳以上の39%(19億人) が過体重で、13%(6.5億人) が肥満です⁽⁴⁾。つまり、大人の10人に4人が適正体重をオーバーしていることになります。

　太りすぎは先進国の問題と思われがちですが、近年は中国やブラジルなどの新興国でも急増し、病気の原因となっています。世界では9人に1人が飢えている一方で (22ページ)、太りすぎの人が何十億人もいます。この現実をみなさんはどう感じるでしょうか。

WHO(世界保健機関)による過体重と肥満の定義

過体重=BMIが25もしくはそれ以上

肥満=BMIが30もしくはそれ以上

BMI (肥満指数)=体重 (kg)÷身長 (m)の二乗

$\dfrac{4}{10}$ 人 ニ 太っている

08

2050年、世界の人口は
98億人にまで増加します。

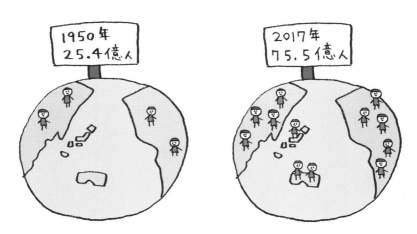

今から約70年前、1950年に地球に住んでいる人間は25.4億人でした。それが2017年には75.5億人と3倍に増加しました。世界人口は今後も増え続け、2030年には85億人、2050年には98億人に達すると予想されています[1]。

「プラネタリー・バウンダリー」（地球の限界）という考え方があります。これは人間の活動が地球にどれだけの影響を与えているかを評価するもので、「種の絶滅の速度」「気候変動」「窒素*の量」などは、すでに人

＊窒素化合物は化学肥料として工場で作られ、食料生産を支えています。しかし、余分な窒素化合物が流出することで、地下水や海の汚染などさまざまな環境問題を引き起こします。

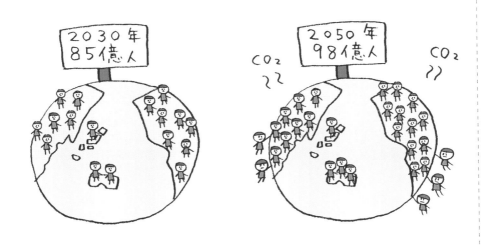

間が安全に活動できる範囲＝地球の限界を超えるレベルに達していると
指摘されています(2)。

　地球上に住む人が増えれば、それだけ食料が必要になります。放出さ
れる二酸化炭素（CO_2）も増え、環境に負担がかかります。私たちは今、
地球が1つだけでは足りないほど大量の資源を使って暮らしています。こ
の先も地球でみんなが暮らしていくためには、限りある資源を大切にし
ていかなければなりません。木々も、食べものも、水も、すべては有限
なのです。

09

ハンバーガーを1個作るために、お風呂15杯分の水が必要です。

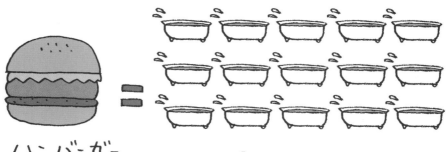

ハンバーガー
1イ固

3000リットル
（お風呂15杯分）

お米
1キロ

= 3000リットル

牛肉
1キロ

= 2万リットル

みんなの大好きなハンバーガー。じつは大量の水がなければ作れないと知っていますか。ハンバーガーの材料がパン、牛肉、レタス、トマトの４種類だとして、それらを生産するために使われる水の量は１個につき2400リットル[1]。別の研究者はさらに多く、3000リットルもの水が必要だと指摘しています[2]。

　仮に3000リットルとすれば、家庭のお風呂（200リットル）15杯分です。つまり、ハンバーガー１個を捨てることは、3000リットルの水を捨てることです。このほか、１キロのお米を生産するには3000リットル、１キロの牛肉を生産するには２万リットルもの水が必要とされています。

　日本の場合、ハンバーガーの材料の多くは外国から輸入されます。それは外国から水を輸入していることと同じです。ロンドン大学名誉教授のアンソニー・アラン氏は「仮想水（バーチャルウォーター）」という考え方を提唱しました。これは食料を輸入している国が、その食料を自国で生産するとどれくらいの水が必要かを算出したものです。環境省の公式サイトでは、バーチャルウォーターを計算することができます（「仮想水計算機」で検索）。

　世界には安全な水が飲めなかったり、水不足に困っている人々がたくさんいます。サン＝テグジュペリの小説『星の王子さま』で、王子さまは「いちばん大切なことは目に見えない」と語っています。直接は見えなくても、食料生産の裏側では貴重な水資源が大量に使われているのです。

　　　仮想水計算機 https://www.env.go.jp/water/virtual_water/kyouzai.html

10

世界では肉の消費量が
50年間で5倍に増えました。

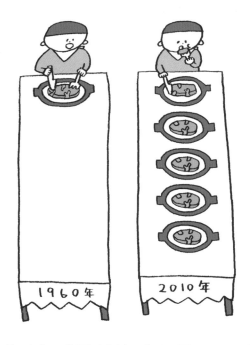

国連はこれからの時代の貴重なタンパク源になるものとして「昆虫食」を挙げています。少ない飼料や限られたスペースで育てることができ、良質なタンパク質を摂取できるからです。牛肉は1キロを生産するのに、飼料のトウモロコシが約11キロ必要です[1]。水は2万リットルが必要で（28ページ）、たとえ1頭でも広いスペースがなければ育てることができません。肉を生産することは、環境にとっては大きな負担なのです。

　1960年からの50年間で、世界全体で肉の消費量は約5倍に増えました[2]。日本でも1960年に比べ、2013年の1人あたりの食肉供給量

は10倍になっています[3]。肉の消費は経済的な豊かさの象徴と言う人もいますが、食べすぎによる健康被害も問題とされています[4]。私がスウェーデンへ取材に行ったとき、「肉を食べるのは（環境に大きな負担をかけるので）恥ずかしいことになってきている」という話を聞きました。1982年に国際消費者機構が提言した「消費者の8つの権利と5つの責務」によれば、私たち消費者は「自らの消費行動が環境に及ぼす影響を理解する責任がある」としています[5]。スウェーデンの人たちは、小さい頃から環境教育を受けているので、肉の消費が環境へどう影響するかまで思いをはせることができるのかもしれません。

11

世界では毎年**264**万ヘクタールが砂漠化しています。

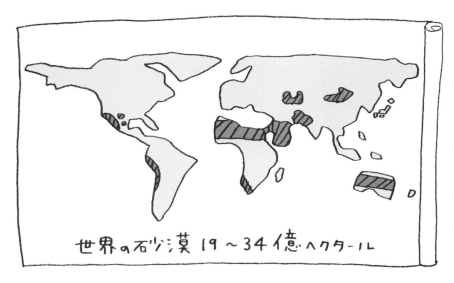

世界の石沙漠 19〜34億ヘクタール

　現在、世界の砂漠の面積はおよそ 19〜34 億ヘクタールとされています[1]。砂漠化の影響を受けやすい乾燥地帯は地表面積の約 4 割を占めていて、毎年新しく 264 万ヘクタールが砂漠化しているそうです[2]。こ

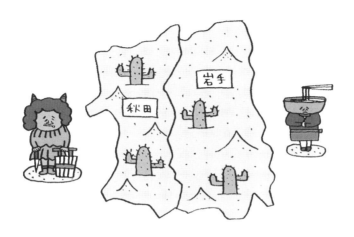

れは秋田県と岩手県を合わせたほどの面積です。

　砂漠化は干ばつなどの自然現象に由来するだけでなく、私たち人間が引き起こしています。過剰な耕作、放牧、森林伐採といった人々の経済活動、地球規模での気候変動によって砂漠化が進行しているのです。

　砂漠になった土地では食料を生産することができません。食料が不足すると、貧しい人たちは飢餓に苦しみます。そのため土地の荒廃がさらに進み、貧困をますます加速させるという悪循環が起きています。

　砂漠化はアフリカなどの発展途上国で多く発生していますが、先進国にもその責任はあります。化石燃料を大量に使い、地球温暖化などの気候変動を招いていることもその1つです。砂漠化は、世界全体で考えなくてはならない問題なのです。

「食品ロス」と「フードロス」

　日本語の「食品ロス」とは、食べられるのに捨てられてしまう食べものを指します。そこには、魚の骨やりんごの芯など、もともと食べられない部分はふくまれません。最近、食品ロスと同じように使われる「フードロス」という言葉もよく耳にします。しかし、英語の「Food Loss」はもともと生産・加工・流通の過程で発生した食品の廃棄だけを指します（英語では、捨てられる食べもの全てを指す言葉として「Food Loss and Waste（フードロス・アンド・ウェイスト）」が使われます）。そのため、この本ではフードロスは使わずに、食品ロスという言葉を使って解説をしています。

　なお、食文化はそれぞれ異なり、食べられる部分と食べられない部分は国によってちがいます。そのため食べられるのに捨てられてしまう食品ロスだけを世界規模で正確に算出するのは難しいのが現実です。

食品ロス

＝
食べられるのに捨てられる食品全般

 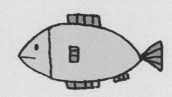 

フードロス（Food Loss）

＝
生産・加工・流通で発生した廃棄物

作りすぎて
捨てられたりんご

加工の際に
出た魚の骨

流通するときに
割れたたまご

2章

食品ロスは
なぜ生まれる？

現在、私たち日本人は
東京都民1年分もの食料を毎年捨てています。
いったいなぜそんなことが起きているのでしょうか。

12

日本の食品ロスは年間**612**万トン。
毎日、1人がおにぎり1個分を捨てています。

「おにぎり」と聞くと、なぜかあたたかい気持ちになります。私が思い出すのは、小学生のとき、母が握ってくれたシャケおにぎりです。いくらパンが人気と言われても、おにぎりの人気は相変わらず根強いのではないでしょうか。自然災害が起きたときの炊き出しでも、おにぎりは人気です。ただでさえ不安な気持ちになる災害時、心の支えとなるのは、あまり食べたことのない非常食より、ふだんから食べ慣れているもの。まさにおにぎりは日本人のソウルフードといえます。

　でも、そのおにぎりを、私たちは毎日1個捨てています。日本で発生する食品ロスは年間612万トン（平成29年度）＊。日本人1人あたり132グラムの食べものを毎日捨てている計算で、まさにおにぎり1個分です。

＊令和元年（2019年）度の推計値は570万トン

　これを聞いて、みなさんは「なんだ、そんな少しか」と思うでしょうか。2007年7月、九州地方で1人暮らしをする50代の男性が、自宅で亡くなっていました。彼は以前、タクシー運転手だったのですが、病気で仕事ができなくなり、経済的に困った人が申請する生活保護のお金をもらって暮らしていました。しかし、自治体から「働いたらどうか」とすすめられたことで生活保護を辞退。その後、「おにぎり食いたい」と書き残し、餓死してしまったのです。

　わたしたちが毎日捨てている食べもので生きながらえることのできたいのちが、たしかにそこにはあったのです。

13

世界の食料の3分の1は
食べられずに捨てられています。

　FAO（国連食糧農業機関）は、世界の年間食料生産量のうち、3分の1にあたる約13億トン（重量ベース）が、食べられずに捨てられていると発表しています。せっかく作った食べものの3分の1がむだになっているなんて！　いったいなぜこんなことが起きているのでしょう。

　発展途上国では、生産地から運ばれるまでの間に多くのむだが発生しています。冷蔵・冷凍設備が整っていない、物流費が高くて運べないなどがその理由です。

　一方、先進国では製造現場から消費者の手に渡るまでの過程で多くがむだになっています。企業の商慣習や、小売店の売りすぎ、消費者の買いすぎなどが原因です。

　「食品ロスをそのまま困っている国の人に送れるわけじゃない。だから減らしたってむだ」という人がいます。本当にそうでしょうか？　1章でもお伝えしたように、さまざまな理由で食料が人々に平等に分配されていないため、世界各地で飢餓が起きています。2050年までに地球上の人口は98億人に増えると予測され、このままでは食料事情がさらに悪化すると考えられています。食品ロスを減らすことは、私たちの未来にとって決してむだなことではありません。

　食品ロスは、世界の国々では埋め立てられることも多く、すると「メタンガス」が発生します。メタンガスは二酸化炭素の 20 倍から 25 倍もの温室効果があるため、地球温暖化を一段と推し進め、その結果、ますます作物が育ちにくい環境となることも心配されています。

14

日本では、年間193万トンの野菜が出荷されずに捨てられています。

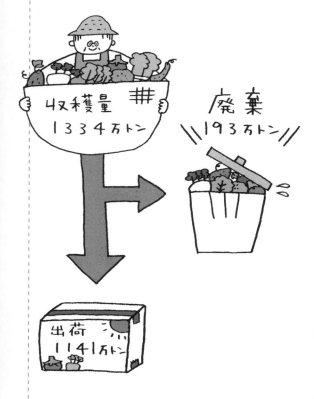

収穫量 1334万トン

廃棄 193万トン

出荷 1141万トン

国の調査によると、平成29年産の野菜（41品目）の収穫量約1334万トンに対し、実際に出荷されたのは約1141万トンでした[1]。生協のパルシステムのレポートでは、「出荷されなかった約193万トンの一部は農家で自家用に消費されたものだが、多くは規格外、余剰分として廃棄されている」としています[2]。

イタリアの行政機関を取材した際、食品ロス全体のうち、1次生産品（加工される前の農産物や水畜産物）が64%を占めるという説明がありました。日本では、畑や港の段階で、規格外のため売りものにならずに廃棄される分は、食品ロスの統計にカウントされていません。また、災害時などに提供される備蓄食品の廃棄もふくまれていません。

そのため現在、日本が発表している「年間612万トン」という食品ロスの数字は、実際より小さく見積もられているのではと感じています。

そもそも野菜や魚などの生鮮食品は、ほとんどの場合、箱に詰める際の都合や、消費者に好まれやすいサイズや形などをもとに規格が決められています。そこから外れたものは基本的に出荷できず、生産者は捨てるほかありません。けれど、見た目に少々問題があっても、味や鮮度は変わりません。最近では規格外の食品を安く販売するお店なども増えてきました。私たち消費者も見た目にこだわらないなど、規格外の食品が流通しやすい環境を作っていくことが求められています。

15

日本の小中学生は給食を 年間1人7キロ食べ残しています。

　給食で好きなメニューはありますか？　日本の小中学生は1年間になんと1人約7キロの給食を残しているそうです⑴。たとえば、同じ量のお米を炊いたらお茶わん92杯分になります。たった1人が1年間に残す給食がほぼ100人分のご飯の量と同じとは驚きですね。

　なぜ給食を残すのでしょうか？　小中学生を対象とした調査によれば、最も多い理由は「きらいなものがあるから」（60％以上）でした⑵。きらいなメニューのトップ3は野菜、サラダ、魚介類。逆に好きなメニューはカレーライス、パン、麺、デザート、揚げものという順に並びました。

　こうして見てみると、好きなメニューは糖質の多い炭水化物がメインで、エネルギーになりやすいものが多いといえます。一方、きらいなメニューの筆頭である野菜類は、ビタミンやミネラルなどの微量栄養素や食物繊維をふくんでいます。エネルギーにはなりにくいですが、心身の健康を保つうえでは重要な栄養素です。

　野菜、魚、海藻といった食材は、子どもたちの心身の成長や健康を考えて、メニューに取り入れています。ちょっと苦手かなと思うかもしれませんが、苦手を克服することで小さな自信が生まれ、それが積み重なると大きな自信となります。現在や未来の自分にとってよいことにつながるのだと信じて、少しずつ食べられるようにしてみませんか。

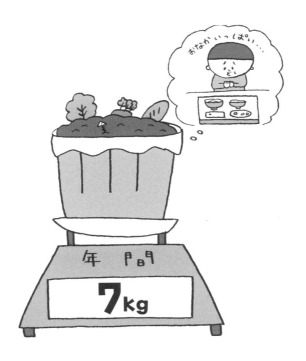

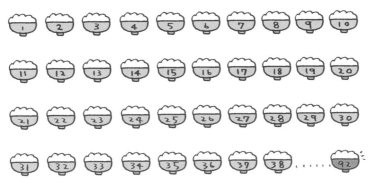

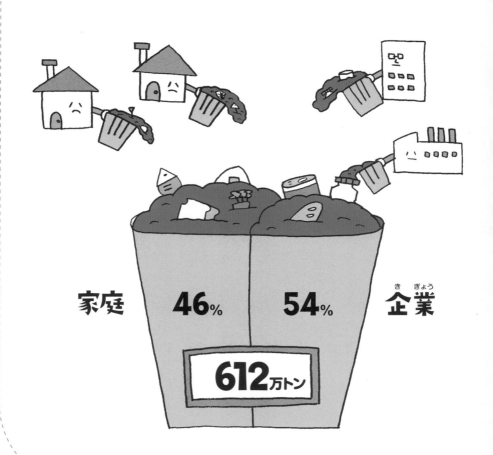

16

食品ロスの**46**%は 家庭から出ています。

家庭　**46**%　　**54**%　企業

612万トン

食品ロスには、私たちが暮らす家庭から出されるロスと、企業から出されるロスがあります。企業とは、たとえばコンビニエンスストア、スーパーマーケット、百貨店、レストラン、ホテル、旅館、食品メーカーなどで業種はさまざまです。

　家庭と企業、どちらから出る食品ロスが多いでしょうか？　答えはほぼ半分ずつ。平成29年度の推計によると、国内の食品ロス612万トンのうち、家庭から284万トン、企業から328万トンとなっています。
　割合にすると家庭が46%、企業が54%です。「家庭からは食品ロスなんてほとんど出ていない。企業が悪いんだ！」と言う人がいますが、そうではありません。家庭と企業、どちらにも責任があるのです。

　食品ロス612万トンは、東京都民が1年間に食べる食料とほぼ同じ量です。それだけ捨てている一方で、貧困のために満足に食事のできない人たちがいます。食品ロスは、企業や知らない誰かの遠い問題ではありません。食品ロスのほぼ半分が家庭から出ている以上、すぐ身近にある私たちの問題なのです。

17

家庭の食べ残しの原因の7割が「料理の量が多すぎるから」。

　農林水産省の調査によれば、食卓に出された料理を食べ残した理由で最も多かったのが「料理の量が多かった」（71.7%）でした[1]。レストランなどでは、出てくる量がわからないために食べきれずに残すこともあるかもしれません。でも、家庭であれば、食卓に並べられた時点で「食べきれない」とわかりますよね。そこで、「多すぎるから少なくしよう」と自分で、あるいは家の人に頼んで、はしをつける前にあらかじめ量を減らすことはできるはずです。

　驚いたのは、小学校5・6年生132名を対象にした調査で、「体調が悪いときに学校給食をどうしますか?」と聞いたところ、9割近くの児童が「がんばって全部食べる」と答えていたことです[2]。この調査をおこなった赤松利恵教授（お茶の水女子大学大学院）は「自分の体調をちゃんと分かって、そのとき、今日は少なめにしてくださいなどと言える子どもにならないと本当はいけないかなと思っています。このまま放っておくと、（もったいないからと無理をして食べて）将来のメタボリックシンドローム*になってしまう。自分自身の体の状態を考えて食べる量を調整するスキルも小学校高学年あたりになってくると必要です」と語っています。

　人間は機械ではありません。日々、体調や食欲は異なります。自分の状態に合わせて食べる量をコントロールできるようにしたいものです。

　　＊メタボリックシンドローム　内臓脂肪が増え生活習慣病などになりやすくなること

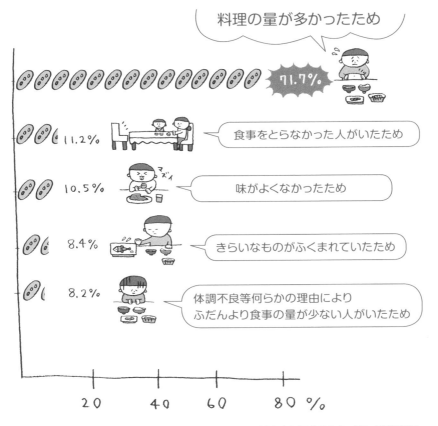

食卓に出された料理を食べ残した理由

料理の量が多かったため 71.7%

11.2% 食事をとらなかった人がいたため

10.5% 味がよくなかったため

8.4% きらいなものがふくまれていたため

8.2% 体調不良等何らかの理由により
ふだんより食事の量が少ない人がいたため

20 40 60 80 %

農林水産省「平成21年度 食品ロス統計調査」

18

家庭の生ごみの45%は、手つかずのまま捨てられた食品です。

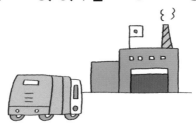

　「生ごみ」というと、きたない、くさいなど、あまりいい印象ではないかもしれません。京都大学と京都市は1980年から市内における家庭ごみの食品ロス調査を続けています。それによると、平成29年度に捨てられた生ごみのうち、手つかずの食品が45.6%を占めました。まだ十分食べられるのに捨てられていたのです。

　京都市は、全国の政令指定都市の中で、家庭ごみが最も少ない自治体です。その京都市ですらこの状況ですから、もっと多い自治体もかなりあると思います。

　日本の自治体は、生ごみとそれ以外の燃やすごみをいっしょに集めて焼却処分にします。一部では生ごみだけを分別して集め、それを堆肥などにしているところもありますが、まだまだ少ないのが現状です。

　イタリアやスウェーデンなどに行くと、ごみ箱に「Organic（オーガニック）」と書かれているものがあります。これは、食べ残しや食べられない部分（りんごの芯など）、枝や葉っぱなどのごみのこと。それらは集められて堆肥などになります。スウェーデンのマルメ市では、バナナの皮やコー

ヒーのかすなど、ふつうは食べない部分だけを集めてグリーンエネルギー（再生可能エネルギー）にし、そのエネルギーを使ってバスが走っています。環境に負担をかけず、資源として有効活用しているのです。

　日本は世界に誇るリサイクル技術を持っていますが、食べられる食品がリサイクルされ、家畜のエサや植物の肥料となっています。ヨーロッパのように、家庭ごみに対する意識を高め、食べられない部分のリサイクル活用も進むようにしたいものです。

生ゴミ中の食べ残しの内訳
（質重量比）

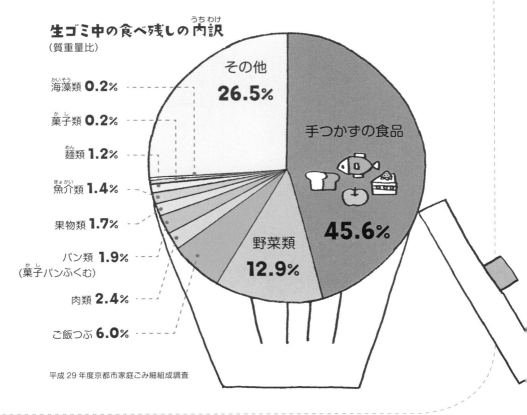

海藻類 **0.2%**

菓子類 **0.2%**

麺類 **1.2%**

魚介類 **1.4%**

果物類 **1.7%**

パン類 **1.9%**
（菓子パンふくむ）

肉類 **2.4%**

ご飯つぶ **6.0%**

その他 **26.5%**

手つかずの食品 **45.6%**

野菜類 **12.9%**

平成29年度京都市家庭ごみ細組成調査

19

食べ残しなどのごみを処理するために
1キロあたり56円かかります。

　飲食店だとついあれもこれもと欲張って、たくさん注文しがちです。すると、食べきれず、せっかくの料理を残してしまうことになります。

　残った料理は家畜のエサや野菜の肥料、バイオマス発電*の燃料にリサイクルされることもありますが、ほとんどの場合は焼却処分されます。

*バイオマス発電　燃えるごみなどを燃やした熱で発電させるしくみ

そのためのコストはお店も払いますが、わたしたちが納めた税金が使われています。金額は自治体によって異なりますが、たとえば東京都世田谷区の場合、食べ残しをふくむ事業系一般廃棄物の処理に1キロあたり56円かかっています（平成30年度）。注文した料理を残したらお金がもったいないし、残った料理を処分するのにまたお金をかけるなんて、二重にもったいない行為です。

　お店で残さないコツは、注文するときに「足りないかな？」というくらいにすること。ほんとうに足りなかったらまた頼めばいいのです。満腹感は食事をはじめてから15分以上たってから感じられます。早食いすると満腹を感じないうちにたくさん頼むことになります。ゆっくり時間をかけて、よくかんで食べることも大切です。

20

日本の小売業の食品ロスは、ドイツの2倍です。

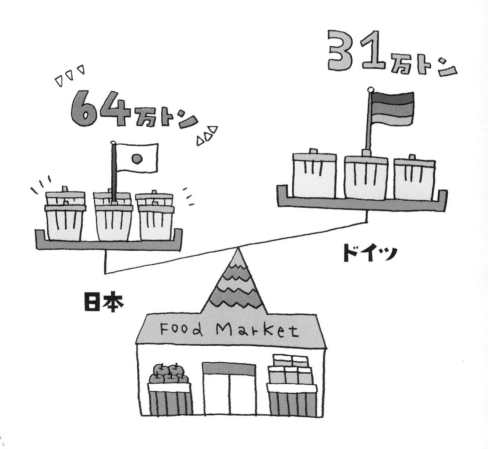

64万トン

日本

31万トン

ドイツ

Food Market

あるレポートによると、ドイツでは 2011 年、スーパーなどの小売業から年間 31 万トン、お金に換算すると 12 億ユーロ相当の食品が捨てられたそうです(1)。日本の小売業の食品ロス64万トン（平成29年度推計）と比較すると(2)、ドイツは日本の半分以下です。

　それでも 2011 年当時、連邦消費者保護・食糧・農業省のイルゼ・アイクナー大臣は、「賞味期限の解釈について、国民の理解を高める必要がある」として、食品ロスを減らすための国民運動をはじめました。

　ドイツで暮らした私の友人は、「買い物のとき、中身を使い終わった空きびんを持っていくと、デポジット（あずけておいたお金）が返ってくるし、たまごは日本のようにパックに入っていないから、買いに行くときに自分で包む容器を持っていく」と話し、「日本はごみが多すぎる」と嘆いていました。

　ドイツのベルリンにある「SIRPLUS」というスーパーマーケットは、賞味期限が過ぎたもの、ラベルを間違えたもの、規格外の農産物などを安く売り、年間で 2000 トンもの食品ロスを防ぐことができたと報告されています(3)。

　日本にもこうした取り組みをしているお店はありますが、まだまだ少数派です。そもそも日本は食料自給率の低い国、もっと外国のよい部分を見習いたいものです。

21

おなかをすかせて買い物に行くと、買う金額が**64%**増えます。

　おなかをすかせて買い物に行ったことはありますか？　すると、なんでも美味しそうに見えて、ついどんどん買ってしまう……そんな経験はないでしょうか。家に帰ってきて、「あれ？　これいらなかったのに買っちゃった」と気づいたり、たくさん買いすぎて、結局使い切れずに余って捨ててしまったりします。

　アメリカ・ミネソタ大学（当時）のアリソン・ジンシュー博士は、おなかがすいているときとそうでないときで、買い物の金額がどう違うかを実験しました。その結果、おなかがすいているときのほうが、金額が最大で64％も増えてしまったそうです。つまり、1000円で済ませられる買い物が1640円になってしまった、ということです。

　なぜ、おなかをすかせて買い物に行くと、たくさん買ってしまうのでしょうか。ジンシュー博士によれば、お腹がすいていると胃の中からグレリンというホルモンが分泌され、それがたくさん欲しいという気持ちを大きくさせてしまうのだそうです。

　おなかがすいていると、買いすぎてしまうだけではありません。気持ちがイライラしたり、ほかの人に対して攻撃的になったりしがちです。せっかく楽しい買い物なのに、それでは台なし。買い物に行く前はアメをなめたり、ちょっと甘い飲み物を飲んだりして、お腹と気持ちを落ち着かせてから行くようにしましょう。

22

おからが食用に使われる割合は、わずか1%です。

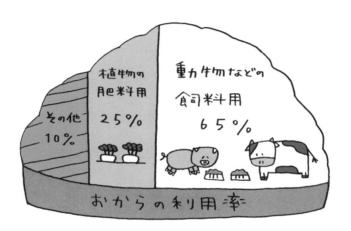

植物の肥料用
25%

動物などの
飼料用
65%

その他
10%

おからの利用率

おからの食用は 1% 以下

おからは、豆腐や豆乳を作るときにできる副産物です。にんじんやしいたけと一緒におからを炒り煮にした「卯の花」など、昔から日本でよく食べられてきた食品です。しかし、おからの発生量約66万トンのうち、動物の飼料用が65％、植物の肥料用が25％、その他が10％で、食用はそのうちの1％以下にすぎません。

　おからは栄養価にすぐれ、食物繊維が豊富で、しかもエネルギーの低めな食品です。健康志向の現代にもマッチするはずと、その活用に取り組んでいる人たちがいます。

　埼玉県川口市の「オカラン」は、おからと豆乳を主原料にし、小麦粉を一切使わないおからケーキを3年間かけて開発しました。糖質も少なく、小麦アレルギーの人も食べることができます。味の種類も抹茶大納言、酒粕、黒ごま、クランベリーなどいろいろ選べ、酒粕は地元の酒屋から仕入れています。ケーキより日持ちの長い、おからクッキーも開発しました。

　かつて、おからといえば水分をふくんだ生の状態でしか手に入りませんでしたが、最近は乾燥加工した「おからパウダー」が普及するようになってきました。日持ちが6カ月以上と長く、ヨーグルトにかけたり、スムージーに入れたりと気軽に使うことができます。

　食べられるのに捨てられている食材をどう活用するか。これも食品ロスを減らすための重要なポイントです。

23

毎年、世界では750億本のバナナが捨てられています。

　バナナは人気の果物です。かつては高級品でしたが、現在は価格も手頃で、日本人に身近な食品のひとつです。でも、そんなバナナが毎年大量に廃棄されている現実があります。バーナナ社の共同創業者のマット・クリフォード氏は、「毎年1500億本のバナナが輸出用に生産され、そのうちの半分にあたる750億本は消費されない」と言います。

　バナナは熟してくると、皮にシュガースポットと呼ばれる茶色い点があらわれます。これは甘く香り高くなったことを示し、栄養成分も増えます。しかし、皮が黒ずんだバナナは見た目が悪くて売れないからと、ほとんどが廃棄されます。おいしくなって栄養も増えたのに、見かけだけで判断され捨てられるのです。

　私が取材したスウェーデンのあるアイスクリームメーカーは、スーパーで売れなくなったバナナを引き取り、バナナアイスを製造しています。それは香りがよくて甘く、今まで食べたバナナアイスの中でも一番おいしいものでした。

　故・鶴見良行氏の名著『バナナと日本人』（岩波新書）には、1970年代以前から大量の日本向けバナナが廃棄されていたことが言及されています。ドキュメンタリー映画『甘いバナナの苦い現実』（2018年、村上良太監督）は、日本のバナナの輸入先であるフィリピンのバナナ栽培の現状に迫ります。先進国の大企業と契約を結んだ現地の人々は、農薬の空中

Banana

1500億本
生産

750億本
廃棄

散布にさらされて皮膚や目の異常、飲み水の汚染などの健康被害に苦しんでいます。

　甘くておいしいバナナですが、外側しか見ていないとわからないことがたくさんあります。

「消費期限」と「賞味期限」

　みなさんは食品に表示されている「消費期限」と「賞味期限」の違いをご存じでしょうか。ことばは似ていますが、じつはまったく違うものです。

　消費期限とは、安全に食べられる期限のこと。たとえばお弁当、総菜、精肉、鮮魚、生クリームのケーキなど「5日以内の日持ちの食品」を対象に年月日（例：2021年7月31日）」、あるいは年月日に加えて時刻入り（例：2021年7月31日15時）で表示されます。これらはいたみやすいので、その日時をすぎたら食べないほうがよいとされます。

　一方、賞味期限とは、おいしく食べられる期限のこと。3カ月以内のものは年月日（例：2021年8月15日）で、3カ月より長いものは年月日（例：2021年8月15日）または年月（例：2021年8月）で表示されます。ただし期限は目安にすぎず、たいていの食品は実際より2割以上短く設定されています。そのため日付が切れてもおいしく食べられる場合がほとんどです。

「消費期限」と「賞味期限」のイメージ

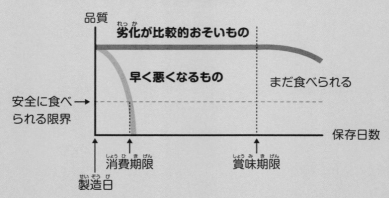

62

消費期限
しょうひきげん

=

安全に食べられる期限
きげん

精肉
せいにく

おべんとう

生クリームの
ケーキ

賞味期限
しょうみきげん

=

おいしく食べられる期限
きげん

ポテトチップス

たまご

缶詰
かんづめ

3章
食品ロスを減らすには

どうすれば食品ロスを減らせるのでしょうか。
自治体、食品業界、ボランティア団体など、
さまざまな人たちの取り組みを紹介します。

24

たまごは冬なら57日間、
生で食べられます。

2weeks

たまごの賞味期限はパックされてから2週間

　ニワトリは何時間かけて1個のたまごを産むと思いますか？　1時間？ 2時間？　答えは24時間です。でも、そうやって苦労して産んだたまごを私たちは大量に捨てています。というのも、市販のたまごの賞味期限は産卵してから1週間以内にパックされ、その後2週間（14日間）とされているからです。でも本来、気温が10℃以下の冬場であれば、産卵から57日間生で食べられます。

　では、なぜ賞味期限が2週間なのでしょうか？　これは気温が25℃以上の夏場に生で食べることができる期間です。たまごの賞味期限は、実際には夏と冬で生食できる期間が違うにもかかわらず、一律に2週間

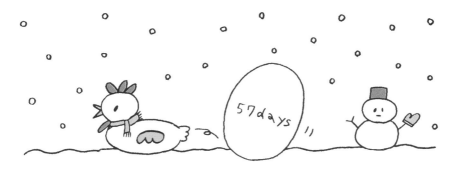

冬場であれば57日間も生で食べられる

と決められてしまっているのです。

　一方、私たち消費者向けではなく、レストランなど企業向けのたまごは季節ごとに賞味期限を変えています。企業は温度管理がしっかりしているからというのがその理由ですが、本来、季節によって食べられる期間が異なるほうが自然なはずです。

　こんど、たまごを買ったらパックの表示をよく読んでみてください。「賞味期限をすぎたら捨てましょう」とは書いてありません。「加熱調理して早めに食べてください」と書いてあるはずです。食べものについて正しい知識を得ることは、食品ロスの削減にも深く関わっているのです。

25

マヨネーズの賞味期限を12ヵ月まで伸ばした食品メーカーがあります。

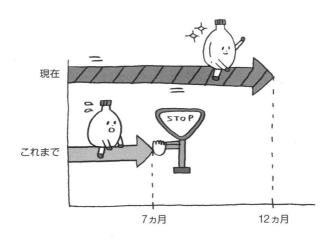

現在

これまで

STOP

7ヵ月　　　　　　12ヵ月

　マヨネーズは新鮮なたまごに油、酢を混ぜて作る調味料です。家庭でも作れるので、時間があるときに挑戦してみてください。マヨネーズ作りがどんなに大変かがわかるはずです。

　食品メーカーのキユーピーは、苦労して作ったマヨネーズが少しでも長く日持ちするよう研究を重ねています。最初にしたのが酸素に触れにくい製造方法に変えること。食べものが悪くなる原因のひとつが「酸化」だからです。これによって7ヵ月だった賞味期限が10ヵ月に伸びました。次におこなったのが容器の改良です。それによって10ヵ月の賞味期限がさらに12ヵ月まで伸びました。

　キユーピーは容器メーカーの東洋製罐と容器の構造を見直し、最後ま

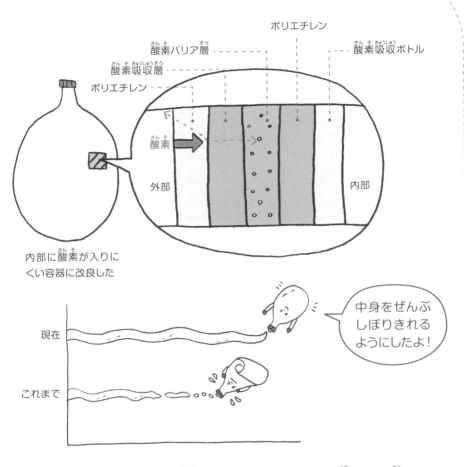

ポリエチレン

酸素バリア層

酸素吸収層

ポリエチレン

酸素吸収ボトル

酸素

外部

内部

内部に酸素が入りに
くい容器に改良した

現在

これまで

中身をぜんぶ
しぼりきれる
ようにしたよ！

でしぼり切れるような工夫も施しました。容器の内側に薄い油の膜をつ
けることでマヨネーズがへばりつくのを防ぎ、中味がぜんぶ使い切れるよ
うにしたのです。

1日でも長く、むだなく食べられるように。食品ロスを減らすために、
企業もさまざまな工夫をおこなっています。

26

食品業界の「3分の1ルール」が、大量の食品ロスを生んでいます。

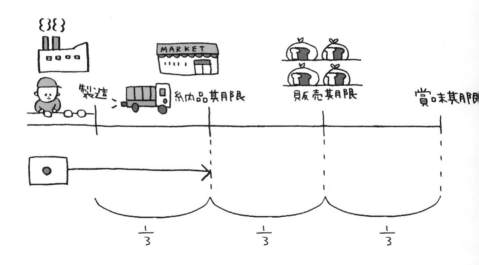

製造　納品期限　販売期限　賞味期限

$\frac{1}{3}$　$\frac{1}{3}$　$\frac{1}{3}$

　みなさんはお店に行って、賞味期限や消費期限が当日の食品を見たことがあるでしょうか？　日本のほとんどのお店ではそうした食品を売ることはありません。なぜなら、賞味期限や消費期限のずっと手前に「販売期限」というものが設けられ、それをすぎたものは棚から撤去され、返品または廃棄されます。これは日本の食品業界にある「3分の1ルール」によって決められています。

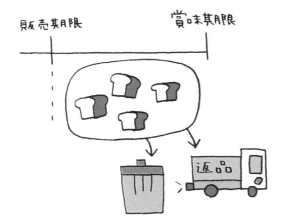

販売期限 　　　　　賞味期限

販売期限がすぎると、賞味期限切れ前でも食品ロスになってしまう

　３分の１ルールは、まず賞味期間全体を３分の１ずつに区切ります。最初の３分の１が「納品期限」です。食品メーカーはそれまでにお店に納品しなければならず、できないと返品・廃棄となります。たとえば賞味期限が６カ月のお菓子であれば、納品期限は製造から２カ月以内。国内で製造したものであれば問題ありませんが、海外で製造した場合２カ月で運ぶのはたいへんです。飛行機は速いけれどお金がかかる。船は安いけれど時間がかかります。しかも、納品期限はアメリカが２分の１、フランスが３分の２であるのに対して、日本は３分の１と諸外国に比べて短く設定されています。

　その次の３分の１にあたるのが「販売期限」です。最初にお話したように、これもすぎたら返品・廃棄となります。

　流通分野の研究調査をおこなう流通経済研究所は、３分の１ルールにより、日本で年間800億円以上の食品ロスが生じていると試算しています。

　国や業界は、この現状を改善しようと話し合いを重ね、お菓子や飲料などで納品期限が３分の１から２分の１まで伸びたケースもあります。しかし一方では、いまだに５分の１や６分の１という厳しすぎる納品期限を食品メーカーに押しつけている小売店もあるのが現状です。

27

食品メーカーの**2**割が、食品ロスの原因を「作りすぎ」と答えています。

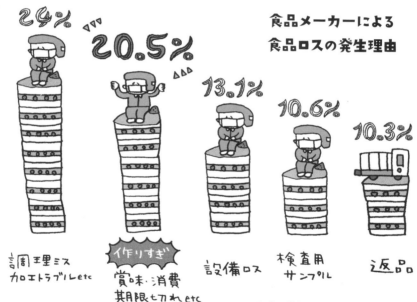

**食品メーカーによる
食品ロスの発生理由**

24%
調理ミス
加工トラブルetc

20.5%
作りすぎ
賞味・消費
期限切れetc

13.1%
設備ロス

10.6%
検査用
サンプル

10.3%
返品

みずほ情報総研調べ（平成29年度）

　「欠品」とは、売るはずの商品がお店になく、棚が空っぽになる状態のことです。お店は販売ができないため、欠品を起こした食品メーカーに売り上げの補償金や取引停止といったペナルティ（罰則）を設ける場合があります。もし取引停止になったら、メーカーは商品を売ることがで

メーカーの作り
すぎが食品ロス
の原因の1つ

きなくなります。そこで何がなんでも欠品を避けようとします。欠品を防ぐためにどうすると思いますか？　そう、必要以上に作るほかありません。みずほ情報総研の調査によると、食品ロスが発生するおもな理由を、「作りすぎ、賞味・消費期限切れ」と答えた食品メーカーが20.5％ありました。

　日本には食品メーカーが数万社もあります。そのすべてが当たり前のように作りすぎていたら、食品ロスを減らすことなどできません。欠品は絶対に許さないというお店や私たち消費者の考え方を変える必要があるのではないでしょうか。

　そもそも台風や津波など自然災害で農産物がとれないとき、仕方なく欠品になることがあります。すると、お店も私たちも「しょうがないね」と受け入れます。けれど、それが加工食品になると欠品が許されなくなるのはなぜでしょうか？　加工食品も元をたどれば自然の農産物や畜産物から作られているのです。

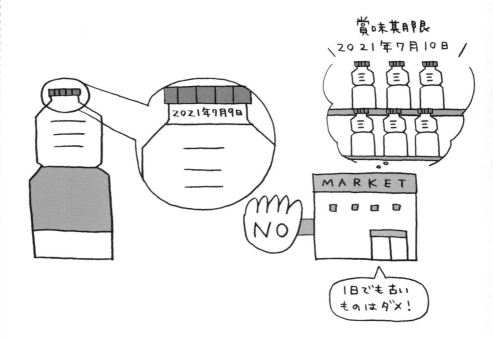

28

日本では、1日でも日付が古い商品はお店に納品できません。

日本の小売店には「日付後退品（日付の逆転）」の納品を拒否するというルールがあります。たとえば、ある食品メーカーがお店に商品を納入する場合、前日に納入した商品より1日でも賞味期限の古いものは許さ

れません。ペットボトル飲料のように賞味期限の長い商品でも同じです。小売店は「先入れ先出し」といって、期限表示の日付が迫っているものから先に棚に並べていきます。日付の古い商品があとから大量に入ってくると困るので、こうしたルールが生まれたのでしょう。

　これは食品ロスを生む原因の１つです。そこで、大手飲料メーカー各社は、2013年からペットボトル飲料などの賞味期限を「年月日」の表示でなく、「年月」の表示に移行しはじめています。2021年7月と表示すれば、7月31日まで流通させることができるからです。ただし、賞味期限の日付が月末でない商品は、その前月を表示しなくてはならず（例：2021年7月30日までの賞味期限なら2021年6月と表示）、その改善が課題となっています。

　私が講演をするとき、「みなさんの持っているペットボトルは年月日表示ですか？　年月表示ですか？」とたずねると、以前は年月日がほとんどでしたが、2019年にはそれが半分くらいになってきました。

　実際、日本の法律では3カ月以上の賞味期間があれば、日付の表示を省略することができます。年月表示が今以上に進んでほしいと思っています。

29

99%のコンビニは値引きをせず、売れ残りを捨てています。

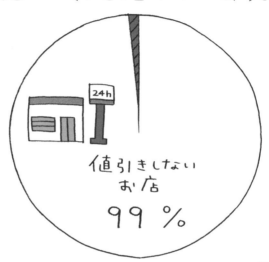

値引きしない
お店
99％

コンビニ会計の仕組み

サンドイッチ（定価 200 円、仕入れ値 150 円）を10個仕入れ、8個売った場合

コンビニ会計のほうが利益が出るので、お店が本部に支払う金額が多くなる

ふつうの会計

売上げ　1600 円　200 円×8個

仕入れ　1500 円　150 円×10個

利益　100 円

コンビニ会計

売上げ　1600 円　200 円×8個

仕入れ　1200 円　150 円×8個

（＊2個分は食品ロスにして仕入れにふくめない）

利益　400 円

スーパーではよく閉店間際に、消費期限が近づいたお弁当などが値引きされて売られています。けれど、コンビニでお弁当が安売りされているのを見たことがあるでしょうか？　ごく一部のコンビニでは値引き（見切り）販売していますが、日本全国に約5万5000店[1]あるコンビニのうち、99％はしません[2]。そのため、大量の食品ロスが発生しているのです。なぜでしょうか？

　じつは、コンビニ業界には「コンビニ会計」という特殊な会計方式があり、値引きして売るより捨てるほうが、コンビニ本部の取り分が多くなる仕組みになっているからです。

　多くのコンビニ店は、本部と契約を結び、オーナーと呼ばれる個人（または企業）による加盟店として運営されています。加盟店は本部から商品を仕入れて販売をするのですが、たとえ売れ残っても、会計上は売れ残りがなかったことにされます。するとその分、本部の取り分が増えることになりますが、加盟店の取り分は減ります。

　本部は、廃棄したほうが取り分は増えるので、値引き販売を積極的にすすめません。捨ててもよいので、どんどん商品を仕入れさせます。

　一方、加盟店は値引き販売したほうが取り分は増えます。私は会計の専門家の協力を得て、加盟店11店舗を調査したところ、値引き販売したほうがお店の利益が年間400万円以上増えるという結果が出ました。400万円といえば日本で働く人の平均年収です。

　コンビニ会計は"合法"とのことで、今のところ問題ないとされていますが、売るより捨てるほうがもうかる仕組みって、おかしいのではないでしょうか。

　現在、一部のコンビニでは、食品ロス削減に向けてポイント還元による値引きの取り組みもはじまりました。変わりつつあるコンビニに期待したいと思います。

30

30・10（さんまる・いちまる）運動を知っていますか？

　パーティや披露宴など、大人数で食事するときはつい話に夢中になって料理が残ってしまうことがあります。福井県では2006年からそうした外食での食べ残しをなくす「おいしいふくい食べきり運動」をはじめています。また、長野県松本市では市長が市役所内で「30（さんまる）運動」を呼びかけました。宴会のとき、乾杯をしてからすぐに飲み物を注ぎにまわると料理が余ってしまうため、最初の30分間は席に座って食べるように提案したのです。その後、市民にも呼びかけ、最後の10分間は席に

戻ってきて食べつくそうという「30・10（さんまる・いちまる）運動」に発展させました。

　ほかの自治体も松本市などにならい、こうした運動をおこなっています。京都市では宴会のとき、幹事が声がけした場合とそうでない場合とでは、声がけしたほうが食べ残しは減るという実験結果を得ています。国（環境省）も「30・10（さんまる・いちまる）運動」を国民に伝えるための取り組みをおこなうなど、食べきりの運動は全国に広まってきています。

31

パンを1個も捨てずに
売り切るパン屋さんがあります。

　パンは捨てられることが多い食品です。コンビニ、スーパー、百貨店などさまざまな店舗で売られ、中には欠品を許さず閉店まで全種類のパンを並べることを要求するお店もあります。

　広島には"捨てないパン屋"があります。2015年の秋からパンを1個も捨てていません。しかし、かつては何十種類ものパンを作り、ごみ箱にたくさんのパンを捨てていました。「ブーランジェリ・ドリアン」の店主・田村陽至さんは、当時、外国人の友人に「そんなにパンを捨てるのはおかしい。安売りするか、誰かにあげればいい」と言われました。彼は「そんなことは日本じゃできない」と答えました。でも、本当は田村さんだってせっかく作ったパンを捨てたくはなかったのです。その後、ヨーロッパで質のいい小麦を使ってパンを焼き、昼には帰る職人たちの暮らしを目の当たりにしました。半日しか働かないのに、毎日15時間もかけて大量に作る自分のパンより美味しい。しかもパンを1個も捨てないのです。

　田村さんは帰国後、やり方を変えました。パンの種類をしぼり、日持ちのするものだけにしました。質のいい北海道産小麦を使い、不要な副原料は使わず値段をおさえ、パンを作るのも売るのも週に限られた日だけ。その結果、売上げは変わらず、休みは増え、パンを1個も捨てなくてよくなったのです。

　田村さんは、北海道の小麦農家から「パンが売れ残ったら送って。ぜんぶ買い取るから」と言われたそうです。それだけ彼らは丹精込めて小麦を作っているのです。

　日本の多くのお店は欠品を許しません。でも、閉店間際まで棚にぎっしり並べて、そのパンは売り切れるのでしょうか。"捨てないパン屋"が当たり前になる日が来てほしいと願っています。

32

京都市が食品ロスを
4割も減らすことができたのはなぜ？

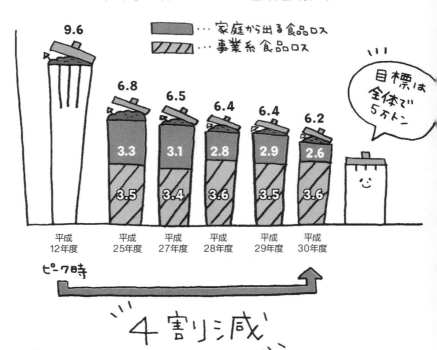

京都市の食品ロスの総量 (単位：万トン)

京都市の平成12年度のごみの総量は82万トンで、平成30年度には41万トンと半減しました。また、食品ロスも平成12年度の9.6万トンから、平成30年度は6.2万トンと約4割も減らしています。

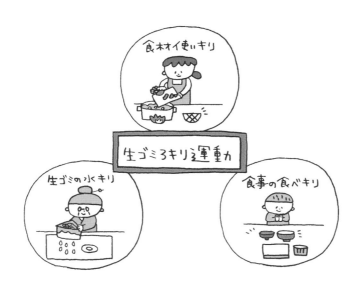

　人口 140 万人、国内外から大勢の観光客が訪れてにぎわう京都市で、なぜこのようなことができたのでしょうか。京都市では 1998 年から「世界の京都・まちの美化市民総行動」をかかげ、「生ごみ 3 キリ運動（食材の使いキリ・食事の食べキリ・生ごみの水キリ）」の推進や、「食べ残しゼロ推進店舗認定制度」の設立など、さまざまな取り組みをおこなってきました。京都には「しまつする（むだなく使いきる）」という言葉がありますが、2015 年 10 月には「しまつのこころ条例」（通称）も制定。事業者や市民に食品ロス削減の実施や努力義務を定めています。

　このほか、宴会で食べ残さないように声がけした場合としない場合とでどう変わるか、食品を期限ギリギリまで販売すると食品ロスがどのくらい減り、売り上げがどれだけアップするかといった実証実験もおこなっています。

　京都市がごみを半減させ、4 割の食品ロスを削減できた背景には、こうした長期間にわたる官民一体の取り組みがあります。

33

東京都足立区は給食の食べ残しを7割減らしました。

11.5%

3.7%

食べ残し7割減

東京都

足立区

　東京都足立区では 2007 年度から「おいしい給食」という取り組みをはじめています。これは学校給食の食べ残しが深刻な問題となっていたからです。2008 年度当初、学校給食の平均残菜（食べ残し）率は、小学校（69 校）9.0%、中学校（36 校）14.0%、小中学校合わせて11.5% でした。しかし、2018 年度は、平均残菜率が小中学校合わせて 3.7% にまで減少しました（小学校 2.4%、中学校 5.2%）。10 年間でおよそ 7 割も減らしたことになります。

足立区のおもな取り組み

◎給食時間をしっかり確保する
◎教員や栄養士による食育の実施
◎小中学生を対象にした給食メニューコンクール
◎新潟県魚沼市での田植え・稲刈り体験と魚沼産コシヒカリ給食
◎地元野菜である小松菜給食
◎学校栄養士による「あだちおいしい給食グランプリ」の開催
◎月1回、旬の野菜を使った「野菜の日給食」
◎「おいしい給食」のレシピ本を出版

　この取り組みは、給食のメニューを子どもたちの好物だけにするということではありません。生産者について知る、栄養バランスについて知る、調理について知るなど、食への興味関心を総合的に高めることで、食べ残しを減らしていったのです。

　なかには、問題行動が見られた子どもたちがおいしい給食を目当てに学校へ通っているうちに勉強に興味がわき、学習姿勢に変化があらわれることもあったそうです。足立区特産の小松菜など地元食材を積極的に使うことで、地域経済の活性化にも貢献しているなど、おいしい給食の取り組みは、食品ロスを減らすだけでなく、さまざまな効果を生んでいます。

34

フランスの食料品店は、食品ロスを出すと7万5000ユーロ以下の罰金です。

　2016年2月3日、日本では節分のこの日、フランスで世界初となる「食品廃棄物対策に関する法律」が成立しました。店舗面積が400平方メートル以上の食料品店に対し、まだ食べられる状態の売れ残り食品を、フードバンクなどの団体に寄付する、あるいは飼料や肥料などに転用することを義務づける法律です。国によっては売れ残った食品に色のついたスプレーや薬品をかけて食べられなくすることがあります。フランスの法律ではそうした行為も禁止しました。法律を破った場合は7万5000ユーロ（約900万円）以下の罰金です。

　ただ、寄付する食品は「全量」とは法律に明記されておらず、その割合はお店側に任せられています。それでも法律に関わった議員は、「捨てられる運命にあった食品の寄付が15～50%増えた」と語っているそうです。

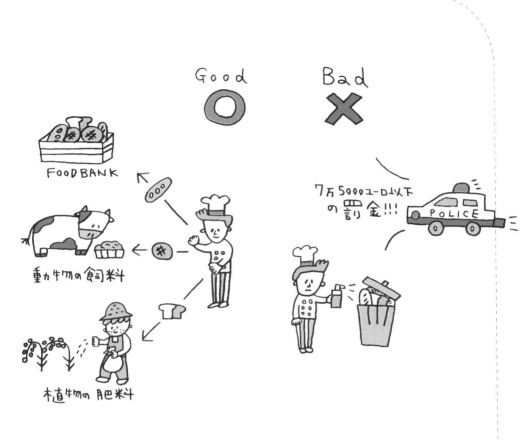

　同じ年の 9 月 14 日にはイタリアでも同様の法律が成立しました。フランスと違い罰則はありません。その代わり食品ロスの削減に貢献すると税金が優遇されます。

　フランスのペナルティ（罰則）方式とイタリアのインセンティブ（報奨）方式。本来、罰や報奨がなくても食品ロスを減らせればよいですが、なかなかそうはいかないようです。なお、2019 年 10 月 1 日に施行された日本の「食品ロス削減推進法」では、とくに目立った罰則や報奨は定められていません。

35

1454のお寺がおそなえものを
おすそわけしています。

日本には現在お寺が7万7000寺以上あるとされ、毎日多くのおそなえがされています。しかし、おそなえものはそのまま放置しておくと、食べられなくなって食品ロスとなってしまいます。そこで、おそなえものをだめにせず、仏さまの"おさがり"として、経済的に困っている世帯に届けようとする活動が「おてらおやつクラブ」です。その代表をつとめる奈良県の安養寺の住職・松島靖朗さんは2013年、大阪で28歳の母親と3歳の子どもが餓死する事件を知りました。母親が残した手紙には「おなかいっぱい食べさせてあげられなくて、ごめんね」と書いてありました。父親から暴力を受け、2人だけで暮らしていたため、食料を買うお金がなかったのです。

　ちょうど、自分にも子どもが生まれて父親になったばかりだった松島さんは、そのことを知って悲しみ、何か自分にできることはないかと考えました。「お寺にあって、社会にないもの」、それは食べものでした。仏さまへのおそなえものを、おさがりとして、必要な人たちにおすそわけしようと決めました。

　奈良の1つのお寺からはじまった「おてらおやつクラブ」は、今では47都道府県に広がり、1454ものお寺が協力してくれるようになりました（2020年5月現在）。食品ロスをなくすとともに、貧困問題の解決にもつなげている活動です。

36

1967年、アメリカに世界初の「フードバンク」が誕生しました。

　まだ食べられるにもかかわらず、さまざまな理由で販売できなくなった食品を必要とする人に提供するフードバンク。世界で初めてフードバンクが誕生したのは1967年のアメリカ・アリゾナ州です。当時アメリカには、生活に困っている人たちが無料で食事のできる食堂（スープキッチン）があり、ジョン・ヴァンヘンゲルさんはそこでボランティアをしていました。

　ある日、10人の子どもたちをひとりで育てている母親に会いました。彼女はスーパーのごみ箱にまだ食べられるものがたくさん捨てられていて、そこからいつも食べものを拾ってくるのだと言いました。

　ジョンさんが確認したところ、母親の言ったとおり、まだ食べられるパンや野菜、冷凍食品などが捨てられていました。そこでスーパーに「捨てるぐらいなら寄付してほしい」と頼みました。ほかのスーパーにもお願いし、それを地元アリゾナにあるセント・メアリーズ教会から借りた倉庫に保管しました。これが世界初のフードバンク「セント・メアリーズ・フードバンク」です。

　バンク（銀行）と名付けられたのは、母親が「必要なときに必要なお

金が引き出せる銀行のように、食べものにも銀行みたいなところがあればいいのに」と語ったことが由来です。

　現在、アメリカ国内に 210 以上のフードバンクがあります。フードバンクは各国にも広がり、グローバル・フードバンク・ネットワーク（Global Foodbank Network）という組織も誕生し、世界中で活発な活動をおこなっています。

37

日本では現在、100以上のフードバンクが活動しています。

　2000年1月、日本で初めてフードバンクの活動に取り組んだのが、東京都台東区の「セカンドハーベスト・ジャパン」（2HJ）です。その後、兵庫・山梨・広島・沖縄などで続々と団体が立ち上がり、今では100以上のフードバンクが日本で活動しています（全国フードバンク推進協議会、2020年5月現在）。

　フードバンクが食品を提供するのは、児童養護施設などの福祉施設や、経済的に困っている個人です。団体によって、施設だけに提供する、個人だけに提供する、両方に提供するなど対象が違います。日本では47都道府県で100団体ですから、まだ1つの県に2つあるかないかくらいです。本当は困っている人がすぐに食べものを受け取ることができたらよいのですが。

　フードバンクには課題もあります。1つめは資金です。食品を適切な状態で保管するための倉庫や冷蔵・冷凍庫を買うにはお金がかかります。届けるのにトラックを使うなら車両代やガソリン代もかかります。2つめは人です。フードバンクを運営するためには、そこで働く人が必要です。

　しかし、資金が不足していると、十分な給与を払うことができません。フードバンクの中には無償のボランティアで働いている人もいますが、生活をしていくにはお金が必要です。

　フードバンク発祥のアメリカでは、たくさんの寄付金が集まり、食品

関連企業の勤務経験者をはじめスタッフが大勢います。日本はアメリカと環境が違いますが、日本に合うかたちで必要な人に確実に届く仕組みを作ってきました。

38

給食の4分の1に地元食材が使われています。

　全国には野菜やお米などを自分たちで栽培し、給食の食材にする取り組みをおこっている学校があります。たとえば東京都足立区では、友好都市の新潟県魚沼市で区の子どもたちが田植えや稲刈りを体験し、とれたお米を「魚沼産コシヒカリ給食」として提供しています（84ページ）。

　学校給食に地元食材が使われている割合は25.1％です（平成24年度）。給食のおよそ4分の1が「地産地消」されていることになります。地元食材を給食に使うと、どんなよいことがあるでしょうか。まず新鮮な食べものを使うことができます。これは食べものの流通にかかるエネルギーやコストの節約につながります（フードマイレージの短縮）。さらに、地元の自然や食文化、産業を身近に感じられます。そこから生産者や食べものへの感謝の気持ちも生まれていくことでしょう。

　日本は南北に長く、土地の気候風土に合わせて、バリエーション豊かな食材が作られています。みなさんの地元の特産品はなんでしょうか。食への理解を深めることで、食べ残しも減っていくことが期待されています。

39

食品業界の食品廃棄物の
91%がリサイクルされています。

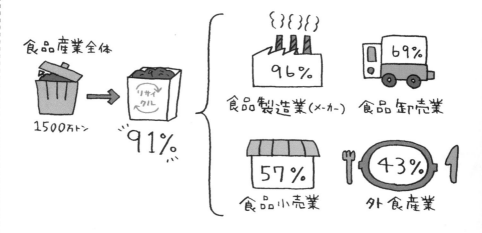

食品産業全体

1500万トン → リサイ クル "91%"

食品製造業(メーカー) 96%

食品卸売業 69%

食品小売業 57%

外食産業 43%

食品産業の廃棄物量とリサイクル率

　日本には「食品リサイクル法」という法律があります。この法律にもとづいて食品業界では食品廃棄物の発生をおさえ、発生した分は家畜の飼料や植物の肥料などにリサイクルするよう努めています。

　たとえば、ある食品メーカーは処分する商品を焼却せず、資源ごとに分けて、中身は飼料や肥料に、紙の箱は再生紙に、プラスチックの袋はコンクリートなどの原料にしています。

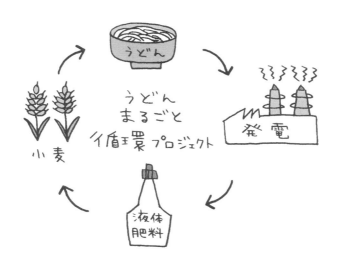

　香川県高松市では、自治体や企業などが協力して、特産品であるうどんをテーマとした「うどんまるごと循環プロジェクト」を立ち上げました。それまで、ゆでたうどんは30分たつと「コシがなくなる」という理由で捨てられていました。しかし、プロジェクトによって捨てずにバイオマス発電（52ページ）の原料として活用し、その廃棄物から生まれる肥料で小麦を栽培し、またうどんを作るという循環を実現しています。

　こうした努力の結果、平成29年度の食品リサイクル法に基づく定期報告によると食品産業全体の15048千トンの食品廃棄物のうち、91%がリサイクルされています。その内訳は食品製造業（メーカー）96%、食品卸売業69%、食品小売業57%、外食産業43%です。

　「3R（スリーアール、さんアール）」では、最優先されるのが「Reduce（リデュース：廃棄物の発生抑制）」。2番目が「Reuse（リユース：再利用）」、3番目が「Recycle（リサイクル：再生利用）」です。まずは廃棄するほどの食品を作らなくてもよい社会の実現が求められています。

「mottainai（もったいない）」

　私たちがよく口にする「もったいない」。「もったい」とは「勿体＝もの」を指し、まだ価値のあるものをむだにするのは惜しいという意味で使われます。

　この「もったいない」を世界に広めたのは、実は日本人ではありません。アフリカ人女性として初めてノーベル平和賞を受賞した、故ワンガリ・マータイ（Wangari Maathai）さんです。ケニア出身の彼女は2005年に日本を訪問し、「もったいない」に出会って以来、地球環境を守る言葉として世界各国で訴え続けました。

　マータイさんは6人兄弟で、家は決して裕福でなかったのですが、勉学に励んで博士号をとりました。そのような生い立ちが、ものや自然を大切にしようとする心や、女性の地位向上を支援する活動につながっていったのでしょう。

　マータイさんが世界共通語として訴えた「もったいない」。彼女が亡き今、私たち日本人が世代を超えて世界に伝え続けていくべきではないでしょうか。

ワンガリ・マータイさん
1940 〜 2011

4章
私たちにできること

食品ロスを減らしていくために、
私たち1人ひとりにもできることがあります。
そのためのヒントをお伝えします。

40 食べものの「旬」を知る

　野菜や果物、魚などには旬があります。旬とはその食材が一番おいしいとされる季節。鮮度のよいものが豊富にとれ、香りが強く、うまみがたくさんふくまれています。だから、味付けを濃くしなくても、素材の味だけで十分おいしいのです。

　野菜の栄養素は旬の時期が非常に多く、それ以外の時期と比べて2倍以上になる野菜もあるという分析結果もあります。とくにβカロテンやビタミンCなどでその差が大きく見られるようです。

　昔と違って、今では1年中育てることができる野菜も増えました。夏野菜と言われるトマトやキュウリも、今は冬でも食べることができます。ただ、やはり旬の時期が限られている食材もあります。たとえば春に採れる山菜です。その旬は全国一律ではなく、地域によって異なります。各地で気候に差がありますから、当然、旬の時期も違うわけです。また、山菜の種類によっては夏を越して秋まで採れるものもあるので、一概に春だけが旬ともいいきれません。

　魚の「ほっけ」も、旬は獲れる地域によって異なるそうです。しかも、地域による違いを集めると、春夏秋冬すべてが旬だとか。

　季節や産地ごとに、魚や野菜の旬を食べ比べてみるのも面白いかもしれません。

41
自分で野菜を育てたり、料理をしてみる

豆苗の育て方

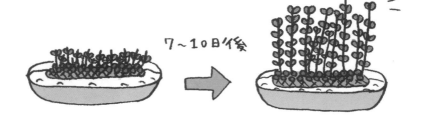

7〜10日後

食べる側だけでなく、作る側になることで、食の見方は変わります。家でも簡単に栽培できるのは、「豆苗」です。豆苗とはエンドウ豆の新芽部分のこと。シャキシャキしてとてもおいしく、しかも料理に使ったあと、根元を残して水を注ぐと、芽が伸びてきて、また収穫することができます。

豆苗は炒めもの、サラダ、鍋ものなどいろんな料理に使うことができます。簡単でおいしいのは豆苗炒め。根元を切り、茎と芽の部分を3〜4等分にカット。ごま油やサラダ油を使い、強火で1分弱ぐらい炒めるだけです。味付けは塩・こしょうのみ。

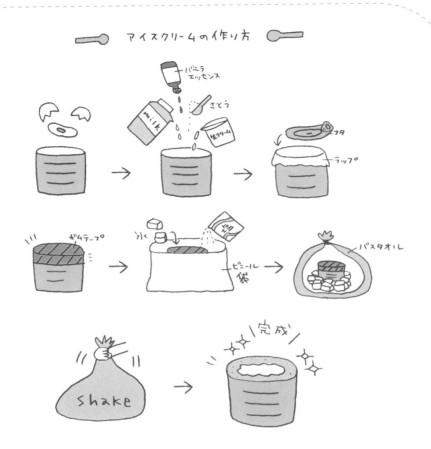

アイスクリームの作り方

夏場はアイスクリームを作ってみるのもおすすめです。冷蔵庫や冷凍庫で冷やさなくても作れるエコな方法があります。果物の缶詰などの空き缶にたまごを割りほぐし、生クリーム・牛乳・砂糖・バニラエッセンスを加えます。ラップをかぶせて缶のふたをし、ガムテープで閉じます。ビニール袋に缶を入れ、さらに氷と塩を入れて約20分間振ればおいしいアイスクリームのできあがりです。振るのが大変という人は、友だちや家族と変わりばんこで。みんなで力を合わせればますますおいしくなりますよ。

42 賞味期限の
近づいているものから買う

　賞味期限は、いつまでおいしく食べられるかの目安を示しています（62ページ）。では、どうやって賞味期限は決められるのでしょうか？　まず、食品会社は安全性や味などを検査したうえで「おいしく食べられる期間」を決め、さらにそれを少し短めに設定するのです。たとえば 10 カ月おいしく食べられるカップラーメンがあったとしたら、ある会社は賞味期限を 8 カ月とします。これは店先で直射日光が当たった状態で売られるなど、さまざまなリスクを考えてのことですが、ほとんどの場合、表示されている賞味期限をすぎても十分においしく食べられます。

　賞味期限の新しい日付の食品を、お店の棚の奥から取り出して買っていく人がいます。すると手前のものが売れ残り、食品ロスになってしまいます。賞味期限はあくまで目安。少しくらいすぎてもおいしさは変わりません。すぐ食べるものは賞味期限の近づいているものから買うように心がければ、食品ロスも減っていきます。

43

食べきれる量を頼む

　私たちは身長や体重など、体の大きさや重さがそれぞれ違います。毎日たくさん運動する人もいれば、ほとんど動かない人もいて運動量も違います。国がまとめる「日本人の食事摂取基準」では年齢や活動量、性別によって、摂取するエネルギーや栄養素の参考となる量を示しています。

　みなさんの学校の給食では、ご飯やおかずを盛ってもらう前に、食べきれそうな量を頼めるでしょうか？　食べきれる量は人それぞれ違います。レストランではメニューに量が多いものや少ないものがあります。食べたいメニューを頼むのはかまいませんが、「自分はどれくらい食べられそうかな？」と考えて、食べきれそうなものを選ぶ視点も持ってください。

　国は 2017 年、飲食店での食べ残しを持ち帰るときの注意事項を発表しました。飲食店はどのようなことに気をつければいいのか、私たち消費者はどんなことに気をつければいいのか記してあります。「ドギーバッグ」という、持ち帰るための袋の活用も推奨されています。

　ただ、それでも食べ残しの持ち帰りを許さない飲食店がほとんどです。万一、持ち帰った人が食中毒を起こして責任を問われたらと心配するからです。

　本当は食べきれる量を注文し、その場で食べきったほうがいいのです。メニューの量がわからない場合は、お店の人に聞いてみましょう。

44

小さな行動を起こす

　日本の食料の6割以上が海外からやってくること。その一方で、日本の耕作放棄地が東京都の面積の2倍もあること。世界の10人に4人が太りすぎなのに、9人に1人が飢餓状態にあること。日本と世界には、食料をめぐる数多くの課題があります。

　日本の耕作放棄地の中には、農家が高齢化して働き手がおらず、しかたなく放置されている土地もあります。また、多くの農家は後継者不足に困っています。それなら、まわりの友人や大人たちに声をかけ、いっしょに何か対策を考えてみてはどうでしょうか。たとえば都会で仕事を求めている人や、フードバンクなどでボランティアをしている人と農家を結びつけ、働いてもらうことはできないでしょうか。みんなで知恵をしぼれば、きっといろんなアイデアが浮かぶはずです。

　実現できるかどうかはわかりません。でも、課題を知り、考えたら、次はなにか行動を起こしてみてほしいのです。小さなことでかまいません。1人ひとりの意識が変わり、行動が変わると、私たちの未来が変わります。

45

いのちについて
考える

知人の栄養士は、小学校に1頭の牛を連れていきました。子どもたちは乳しぼりをし、あたたかい肌に触れ、ランドセル、バッグ、ベルトなどを持ち寄って身のまわりのものを牛からいただいていることも学びました。

　牛乳は牛の血液からできています。1リットルの牛乳を作るために必要な血液は400リットル〜500リットル。そのことを知ってもらうため、赤い絵具を溶かした水を入れたペットボトルを200本用意したそうです。牛乳はモノではない。牛のいのちをいただいていることを子どもたちに伝えたかったのです。すると、それまでたくさんあった給食の牛乳の飲み残しが激減しました。

　私は以前、青年海外協力隊としてフィリピンに食品加工技術を教えに行きました。渡航前の訓練で、生きているニワトリを絞めました。首を切り、逆さにして血を抜いて、熱湯に浸け、毛をむしり取って焼いて食べました。生き物を殺すことは、とても残酷なことです。でも、精肉店やスーパーで売っている肉は、そうやって私たちの食べものになっているのです。

　目の前の食べものが、どこから来たのか。肉であっても、魚であっても、野菜であっても、それはいのちそのものです。そんなふうに感じられたとき、食べものを大切にする心が芽生えてくるように思います。

46

いろんな「もったいない」を知る

　ここまで、食べものをとりまく「もったいない」について考えてきました。けれど、「もったいない」のは、なにも食べものだけではありません。たとえば洋服の世界も同様です。新しい洋服を作っても、売り切れなければ大量に処分されます。

　今こうして読んでいる本の世界でも、「もったいない」は起きています。本は常にぜんぶ売れるわけではないし、毎日次から次へと新しい本が出版されるので、売れ残った本は処分されます。

　そうやってまわりを見渡してみると、いろんな「もったいない」がありませんか？　モノだけに限りません。モノにはかならず人がかかわっています。食べものであれば、育てる人、加工する人、お店に運ぶ人、売る人……たくさんの人が、たくさんの時間をかけてモノを作り、届けているのです。

　その時間とは「いのち」そのものです。なぜなら、みんな、いのちを込めて、一生懸命に働いているからです。モノを捨てることは、そこに込めたたくさんのいのちを捨てることと同じです。

　いのちには限りがあります。人はいつまでも生きられるわけではありません。そのいのちを捨ててしまうなんて、本当に「もったいない」と思いませんか。

もったいない

主な参考文献と資料

第1章

01　農林水産省「知ってる? 日本の食料事情」

02　中田哲也著『フード・マイレージ　新版』(日本評論社)

03　(1) 厚生労働省「平成 28 年国民生活基礎調査」
　　(2) 内閣府「平成 26 年版子ども・若者白書」
　　(3) 米国シンクタンク Pew Global Attitudes Project の調査 (2007 年 10 月)

04　農林水産省「農業労働力に関する統計」(平成 31 年)

05　農林水産省「荒廃農地の現状と対策について」(令和 2 年 4 月)

06　FAO「the STATE OF FOOD SECURITY AND NUTRITION IN THE WORLD(2019)」

07　(1) THE LANCET『Global Health』
　　　(https://www.thelancet.com/journals/langlo/article/PIIS2214-109X(19)30276-1/fulltext)
　　(2)『World Population Review』
　　　(https://worldpopulationreview.com/countries/most-obese-countries/)
　　(3) OECD　(https://data.oecd.org/healthrisk/overweight-or-obese-population.htm)
　　(4) WHO　(https://www.who.int/news-room/fact-sheets/detail/obesity-and-overweight)

08　(1) 国連「World Population Prospects The 2017 Revision (June 2017)」
　　(2) 環境省「平成 29 年版環境白書・循環型社会白書・生物多様性白書」

09　(1) ケイティー・ディッカー著、稲葉茂勝訳『信じられない「原価」買い物で世界を変えるための本 3 食べ物』(講談社)
　　(2) スティーブン・エモット著、満園真木訳『世界がもし 100 億人になったら』(マガジンハウス)

10　(1) 農水省「知ってる?　日本の食料事情」
　　(2) 楽天証券「トウシル」牛肉消費量は「豊かさ」の象徴!? (吉田哲)
　　　(https://media.rakuten-sec.net/articles/-/13429)
　　(3) 農畜産業振興機構 HP(https://www.alic.go.jp/koho/kikaku03_000814.html)
　　(4) 国立がん研究センター HP
　　　(https://www.ncc.go.jp/jp/information/pr_release/2015/1029/index.html)
　　(5) 関西消費者協会 HP(http://kanshokyo.jp/highschool/cnt_cnsm/cc0201.html)

11　(1) 鳥取大学乾燥地研究センター HP(https://www.alrc.tottori-u.ac.jp/japanese/desert/genin.html)
　　(2) 鳥取大学乾燥地研究センター HP「きみもなろう!　砂漠博士」
　　　(https://www.alrc.tottori-u.ac.jp/japanese/sabaku_hakase/sabaku04.html)

第2章

12　農林水産省推計 (平成 29 年度)

14　(1) 農林水産省「平成 29 年産野菜生産出荷統計」
　　(2) 生協パルシステム情報メディア「KOKOCARA」
　　　(https://kokocara.pal-system.co.jp/2019/06/24/food-loss/)

15　(1) 環境省「平成 26 年度学校給食センターからの食品廃棄物の発生量・処理状況調査」
　　(2) 日本スポーツ振興センター「平成 22 年度児童生徒の食事状況等調査報告書 (食生活実態調査編)」

16　農林水産省推計 (平成 29 年度)

17　(1) 農林水産省「平成 21 年度食品ロス統計調査」
　　(2)『学校保健研究』2012、53:490-492

18　京都市食品ロスゼロプロジェクト「京都市の生ごみデータ」

19　世田谷区事業系一般廃棄物ガイドブック（2019 年 4 月）

20　（1）『オルタナ online』（http://www.alterna.co.jp/7637）
　　（2）農林水産省推計（平成 29 年度）
　　（3）『GOOD NEWS NETWORK』
　　　　（https://www.goodnewsnetwork.org/german-supermarket-resells-ugly-food-from-other-
　　　　markets/）

21　『New Scientist』People buy more stuff when they crave food
　　（https://www.newscientist.com/article/dn26986-people-buy-more-stuff-when-they-crave-food/）

22　日本豆腐協会「食品リサイクル法に係る発生抑制」（2011）

23　マット・クリフォード「バナナ、そして食料廃棄の収穫な側面」TEDxBend（https://amara.org/mn/
　　videos/MLvNaZiPj7Dd/ja/2217733/）

第3章

27　みずほ情報総研「平成 29 年度食品産業リサイクル状況等調査委託事情報告書」

29　（1）JFA コンビニエンスストア統計調査月報（日本フランチャイズチェーン協会）2020 年 4 月 20 日付
　　（2）土屋トカチ監督『コンビニの秘密』（アジア太平洋資料センター）

32　京都市食品ロスゼロプロジェクト（sukkiri-kyoto.com）

33　『business Journal』「足立区、人気急上昇のきっかけは「おいしい給食」政策」（小川裕夫）
　　（https://bizjournal.jp/2019/09/post_118388.html）
　　足立区 HP「おいしい給食の取り組み」
　　（https://www.city.adachi.tokyo.jp/gakumu/k-kyoiku/kyoiku/kyushoku.html）

34　JETRO「食品廃棄物削減に向けた政策とスタートアップの動向」上田暁子（https://www.jetro.
　　go.jp/biz/areareports/2020/97316b649e58cfe7.html）
　　『立法と調査』2019.10　No.416「フランス・イタリアの食品ロス削減法　2016 年法の成果と課題」
　　岩波祐子（内閣委員会調査室）（https://www.sangiin.go.jp/japanese/annai/chousa/rippou_
　　chousa/backnumber/2019pdf/20191001003s.pdf）

35　宗教年鑑（令和元年版）

36　大原悦子著『フードバンクという挑戦　貧困と飽食のあいだで』（岩波書店）

38　農林水産省「地産地消の推進について」（平成 26 年8月）
　　文部科学省「食に関する指導の手引き　第一次改訂版」（平成 22 年 3 月）

39　うどんまるごと循環プロジェクト（https://www.udon0510.com）
　　農林水産省「平成 29 年度食品リサイクル法に基づく定期報告の取りまとめ結果」

第4章

40　農畜産業振興機構「野菜情報」2008 年 11 月号「野菜の旬と栄養価」辻村卓（女子栄養大学教授）
　　（https://vegetable.alic.go.jp/yasaijoho/joho/0811/joho01.html）

41　エコ実験研究会編『環境問題を考える自由研究ガイド』（東京書籍）
　　村上農園 HP（http://www.murakamifarm.com/）

井出留美 (いで・るみ)

食品ロス問題ジャーナリスト

office3.11 代表。奈良女子大学食物学科卒、博士 (栄養学 / 女子栄養大学大学院)、修士 (農学 / 東京大学大学院農学生命科学研究科)。ライオン、青年海外協力隊を経て日本ケロッグ広報室長等を歴任。東日本大震災 (2011 年 3 月 11 日) での支援物資の廃棄に衝撃を受け、自身の誕生日でもある 3.11 を冠した (株) office3.11 設立。食品ロス問題の専門家としての活動をスタートさせ、食品ロス削減推進法の成立にも協力。政府・企業・国際機関・研究機関のリーダーによる食品ロス削減を目指す世界的連合「Champions12.3」メンバー。著書『食べものが足りない!』(旬報社)『賞味期限のウソ』(幻冬舎)『あるものでまかなう生活』(日本経済新聞出版)『食料危機』(PHP 新書)『捨てないパン屋の挑戦』(あかね書房)『SDGs 時代の食べ方 世界が飢えるのはなぜ?』(筑摩書房) 他多数。第 2 回食生活ジャーナリスト大賞食文化部門 /Yahoo! ニュース個人オーサーアワード 2018 受賞。食品ロス削減推進大賞消費者庁長官賞受賞。

ニュースレター「パル通信」
https://iderumi.theletter.jp